RECHERCHES SUR LES BACTÉRIES

RECHERCHES

SUR

LES BACTÉRIES

PAR EUGÈNE NIEL,

Membre de la Société des Amis des Sciences naturelles de Rouen
et de la Société botanique de France.

ROUEN
IMPRIMERIE LÉON DESHAYS,
Rue des Carmes, 58.

1884

RECHERCHES

SUR

LES BACTÉRIES

Cet aperçu, simple exposé historique et bibliographique des travaux publiés sur les Bactéries, est le résultat de recherches faites dans les études les plus récentes publiées sur les *Bactériens*.

Je n'ai pas l'intention de tenter une étude approfondie de ces organismes, mes faibles connaissances en cette matière s'y opposent, je ne fais qu'établir aussi succinctement que possible les dernières classifications qui ont été faites, et parler d'un sujet intéressant, plein d'actualité, qui préoccupe à juste titre le monde savant et qui a été dans ces dernières années le but de patientes études de MM. Van Tyeghem et Pasteur.

Depuis quelque temps, on a étudié avec soin et révélé souvent des phénomènes bien curieux dont ces organismes sont le siège ; l'étude organographique et physiologique de ces êtres compris aujourd'hui sous la dénomination de *Bactériens*, *Vibrioniens*, *Schyzomycètes*, etc., se rattache d'une manière intime à la Botanique, soit qu'on les considère comme des algues ou des champignons inférieurs, ils forment maintenant un groupe intermédiaire entre ces deux classes.

En traitant de la nature des *Bactéries*, le but est de faire connaître les conditions favorables à leur existence, d'en décrire les formes, le mode de reproduction, l'aspect varié qu'elles peuvent présenter aux regards de l'observateur, leur vitalité, leur résistance aux températures élevées et le rôle qu'elles remplissent dans la nature.

Comme tous les êtres organisés, ces infiniment petits ont aussi des moyens de propagation, car il ne saurait y avoir de production organique résultant d'un hasard aveugle ; beaucoup plus encore que dans la famille des champignons, il règne ici une obscurité profonde, on peut seulement se borner à rappeler les opinions contradictoires émises sur ce sujet, et sans formuler une opinion personnelle. Buffon disait : « Qu'on ne doit pas regarder les méthodes que les « auteurs nous ont données sur l'histoire naturelle en géné- « ral, ou sur quelques-unes de ses parties, comme les fon- « dements de la science, on ne doit s'en servir que comme « de signes dont on est convenu pour s'entendre.

« C'est ici le principal but qu'on doive se proposer : on « peut se servir d'une méthode déjà faite comme d'une « commodité pour étudier ; on doit la regarder comme une « facilité pour s'entendre ; mais le seul et le vrai moyen « d'avancer la science est de travailler à la description et à « l'histoire des différentes choses qui en font l'objet. (1) »

Je me suis servi pour ce travail d'une remarquable *Etude sur les Bactéries*, communiquée à la Societa dei Naturalisti in Modena (1879). (2)

(1) Buffon. *Discours sur l'Hist. nat.*

(2) Dr C. Bergonzini. *Etude sur les Bactéries*, in Boll. Soc. dei Naturalisti in Modena, 1879.

J'aurais vivement désiré que ma traduction fût à la hauteur du texte de l'original écrit dans cette belle et harmonieuse langue italienne, si riche en expressions vigoureuses et claires. Je compte sur la bienveillante indulgence de l'auteur pour m'excuser de n'avoir pu rendre sa pensée avec la même élégance.

Il y a peu de questions comme celle des *Bactéries* qui aient, de nos jours, aussi vivement passionné les médecins et les hommes de science. Ces êtres mystérieux et douteux qui apparaissent toutes les fois qu'une substance organique, en dehors des conditions de l'existence, commence à se décomposer ; qui se retrouvent sur les plaies suppurantes, dans le sang des typhoïdes et des charbonneux, etc., et dans un grand nombre d'autres maladies. Tandis que les vieilles théories humorales disparaissaient, et que l'on sentait le besoin de trouver l'agent précis de beaucoup de phénomènes morbides, les progrès de la miscroscopie dévoilent *un monde inconnu* d'êtres, dont il semblait que l'explication désirée dût jaillir. Ce fut alors que bon nombre de maladies furent attribuées aux Bactéries, lesquelles devinrent pour beaucoup de personnes la vraie essence morbide et le principe contagieux par excellence. Ce fut alors que l'on commença également à conseiller l'usage des antiseptiques ; les expériences de laboratoire ont prouvé que ce remède était encore le plus puissant.

La théorie des Bactéries occupe les plus vaillants champions de la science. Ils ont expérimenté sur les animaux les injections de substances putrides contenant ces petits organismes, et l'on a produit des maladies complètement analogues à celles que l'on nomme infection aiguë.

La théorie des Bactéries dans les maladies trouvait une

brillante comparaison dans la théorie des fermentations chez les êtres organisés et vivants.

L'alcool qui se transforme en acide acétique sous l'influence d'un organisme spécial, pouvait expliquer suffisamment comment les Bactéries pouvaient, avec les métamorphoses qui s'opéraient dans leur existence, transformer néanmoins les substances organiques en putrides, et le sang sain d'un homme ou d'un animal en sang malade ou impropre à l'existence.

En définitive, il est un fait certain, c'est que les Bactéries sont la cause des maladies infectieuses, puisqu'elles se présentent constamment dans la plupart de celles-ci, ici avec une forme, là avec une autre, bien déterminée et précise. Aussi n'est-il pas inutile de dire ce que l'on sait de positif à l'égard de ces plantes, d'en discuter les points litigieux, et d'éclaircir, si c'est possible, à l'aide des expériences qui ont été faites, quelques-unes des questions obscures qui se rapportent à ces êtres.

Une définition précise des Bactéries devient d'autant plus difficile à faire que ces êtres se dérobent facilement à nos moyens d'investigation, et parce que tel nom est réservé parfois à quelques formes, tel autre s'étend à tout un groupe assez vaste. On comprend sous le nom générique de Bactérie (Bacterium, βακτήριον, Bâton), une classe d'infusoires établie par M. Ehrenberg [1], qui considérait ce groupe, ainsi que tous les autres individus de cette classe, comme un animal dont l'espèce type était représentée par le *Monas-punctum* de Müller. En 1840, Dujardin caractérise le genre *Bacterium*, qu'il considère également comme un animal et y admet trois espèces.

(1) Ehrenberg. *Infusionstierchen, 1838.*

Le mot *Bactérie* doit signifier seulement ces êtres microscopiques vivants, qui apparaissent dans la substance organique morte, en même temps que cette substance subit, par suite de décomposition, les premières modifications chimiques, et qui disparaissent seulement quand toute la substance est totalement décomposée. Les autres Bactéries qui sont pour le moment rattachées à ces dernières et ont été jusqu'ici décrites, quoique vivant cependant dans les eaux courantes, ou dans la mer, peuvent être, sans inconvénient, séparées des vraies Bactéries; on doit en faire l'étude à part, tant est grande leur différence physiologique, si non morphologique. Partant de cette idée, les Bactéries peuvent se définir ainsi : des êtres cellulaires très petits, sans chlorophylle, de forme globuleuse ou linéaire, très souvent doués de mouvement, et qui accompagnent en plus ou moins grande quantité les décompositions organiques.

Leur forme cellulaire ne peut plus être désormais mise en doute; quand les moyens d'investigation étaient plus imparfaits, on croyait les Bacteries formées d'une substance homogène; après les études de Hoffmann (1) et de Cohn (2), ce doute n'est plus permis, les Bactéries ont une membrane qui les enveloppe, et qui devient bien plus manifeste quand une partie du plasma interne se coagule ou disparaît, puisqu'à sa place il reste un vide bientôt rempli par une petite bulle d'air.

Cohn affirme avoir pu la voir, à l'aide d'un fort grossissement, sur des Bactéries entières, mais cela n'a pas réussi à la majeure partie des observateurs.

Je pense qu'en laissant dessécher une goutte de liquide

(1) Hoffmann. *Botan. Zeitung* 1863.

(2) Cohn. *Beitrage zur biologie der Pflanzen.*

contenant des Bactéries sur une lame de verre, et en examinant cette préparation à l'aide d'un fort grossissement (sans immersion) ce soit un des meilleurs moyens de se convaincre de leur forme cellulaire et de leur enveloppe membraneuse.

En dedans de l'enveloppe membraneuse se trouve un protoplasma incolore, azoté, parfois avec des vides visibles seulement dans les individus plus gros, quelquefois avec des granulations. Quelques bactéries ont le protoplasma coloré, cela peut quelquefois dépendre d'une modification de la chlorophylle.

Dans le Bacillus amylobacter, on rencontre de l'amidon amorphe.

Toutes les Bactéries ne sont pas douées de mouvement, celles de forme ronde (*micrococcus*) sont immobiles dans chaque période de leur existence. La plus grande partie cependant, passent par deux périodes différentes, l'une d'immobilité, l'autre de mouvement ; celle-ci alors est un mouvement oscillatoire d'avant en arrière, analogue à celui qui se rencontre dans les Oscillariées, tantôt rapide, tantôt lent, soit dans le même sens, soit d'un sens dans l'autre.

Parfois, la Bactérie tourne sur son axe et se retourne plusieurs fois rapidement dans le liquide sans changer de place, d'autres fois encore elle se meut avec un mouvement en spirale. Ordinairement, dans le même liquide en putréfaction, l'on observe des Bactéries qui se meuvent et d'autres qui restent fixes. Ces dernières cependant à certains moments de leur existence se mettent aussi en mouvement. Les cils vibratiles, dont la majeure partie sont pourvues, paraissent être la cause de leurs mouvements.

Déjà Ehrenberg (1) avait décrit et représenté son *Bacte-*

(1) Ehrenberg. *Die Infusion thierchen als Wolkommene org.* 1838.

rium triloculare avec un cil. Dujardin n'en fait pas mention, mais successivement tous les observateurs l'ont rencontré sur presque toutes, moins sur les formes plus petites, peut-être en rencontreraient-ils également sur ces dernières s'ils pouvaient obtenir de plus forts grossissements.

Ordinairement chaque individu possède un seul cil. On ne saurait comprendre comment des êtres aussi roides pourraient se mouvoir aussi rapidement et dans des directions si variées à moins qu'un cil n'en fût la cause. Il est vrai que les Oscillariées doués de mouvement sont raides et dépourvus de cils, mais ils oscillent seulement d'avant en arrière et d'une façon assez lente.

Dans ces derniers temps, M. Ph. Van Tieghem (1) a considéré les filaments caudaux des Bactéries comme des prolongements de la membrane cellulaire, et non comme des cils protoplasmiques doués d'un mouvement spontané.

Les phénomènes de l'endosmose (2) peuvent probablement expliquer ce fait, mais aucun des Oscillariées ne possède de mouvements aussi compliqués et aussi rapides que ceux des Bactéries. L'objection faite par Warming ayant observé des Bactéries immobiles nonobstant un cil qui s'agitait violemment, n'a pas une grande importance, une Bactérie est une si petite chose qu'un mince fragment de subtance gélatineuse échappé de son corps peut la fixer sur le porte-objet et immobiliser l'individu bien que le cil soit encore en mouvement.

Ainsi que je le disais en commençant, les Bactéries peu-

(1) Van Tieghem. *Les prétendus cils vibratiles des Bactéries*, in Bull. Soc. botanique de France. T. XXVI, p. 37.

(2) Endosmose, exosmose, double courant de liquides qui s'établit du dehors au dedans entre deux liquides de densités différentes séparés par une mince cloison membraneuse.

vent vraiment s'appeler les êtres de la putréfaction. Si l'on place de petits morceaux de viande, ou un peu d'albumine d'œuf, dans un verre à expérience plein d'eau, exposé à l'air libre, à une température qui ne soit pas trop froide, on observera le jour suivant que le liquide, primitivement limpide, est tant soit peu troublé et prend le plus souvent une teinte jaune roussâtre livide. Si c'est en été on verra, à la superficie, une petite pellicule irisée qui se brise aisément avec les mouvements du liquide et qui exhale une certaine odeur de putréfaction. Dans cette pellicule les Bactéries se sont déjà développées, ordinairement ce sont les plus petites, et elles sont en nombre restreint.

Dans les jours suivants, quand la substance a acquis une franche odeur de pourriture, la pellicule superficielle devient plus épaisse, et les Bactéries deviennent plus nombreuses et de plus forte dimension. En même temps apparaissent les Monades et les Bactéries de plus grande dimension ainsi que de véritables infusoires.

Par la suite, le liquide perdant de moins en moins son odeur putride, les infusoires de structure plus parfaite se montrent en plus grand nombre, les Bactéries disparaissent servant en partie de nourriture aux infusoires ou tombant immobiles au fond du vase. Une liqueur en décomposition conservée pendant quelque temps, bien qu'on ait eu soin de remplacer le liquide perdu par l'évaporation, contient rarement des Bactéries ; en effet celles-ci tendent à disparaître, quand, ou la trop rapide évaporation, ou l'addition d'autres substances organiques, viennent, pour ainsi dire, changer la marche de la décomposition.

Des phénomènes analogues apparaissent en mettant peut-être un peu plus de temps à se produire, si vous placez dans l'eau quelque substance végétale.

Ici encore les Bactéries apparaissent au bout de deux ou trois jours, suivant la température, mais ordinairement elles disparaissent également beaucoup plus vite.

Les premiers observateurs, se basant spécialement sur leurs mouvements, avaient classé les Bactéries dans le règne animal. Mais déjà Dujardin avait mis en doute que quelques-uns de ses vibrions ou ceux décrits par Ehrenberg fussent des végétaux.

Ce fut Perty [1] qui fit remarquer le premier la vie végétale du *Bacterium Termo*, Duj. Cohn ensuite, prenant en considération l'affinité entre les Vibrions, les Oscillariées, les Leptothrix, les Spirillus, etc., concluait que les Bactéries étaient des êtres végétaux. Haeckel [2] chercha à résoudre la question en établissant un règne nouveau, intermédiaire entre le règne animal et le règne végétal, et y classait ensemble les Bactéries et les autres appartenant aux deux règnes. Cependant Davaine [3] s'était prononcé franchement contre leur animalité, et aujourd'hui, après les travaux de Robin, Warming et autres, la question, on peut le dire, ne fait plus l'ombre d'un doute. A peine quelques savants comme M. Pasteur et M. Claus [4] conservent encore quelques doutes et ne parlent des Bactéries que comme des êtres dont la place n'est pas encore bien déterminée dans l'empire organique.

Les raisons principales qui militent en faveur de la nature végétale de ces êtres sont toutes d'un ordre morphologique et chimique, et leur forme se rapproche tant de celle de

(1) Perty. *Die Kleinsten Lebensformen*. Bern (1852).

(2) Haeckel. *Morphologie der organismen* (1866).

(3) Davaine. *Art. Bactérie Dict. Encyc. des Sc. médicales* (1878).

(4) Claus. *Traité de zoologie*, Paris (1878).

certains végétaux inférieurs, qu'on suppose difficilement qu'on ait pu avoir la pensée de les réunir aux animaux. Et puis, tandis que l'ammoniaque liquide concentré dissout les œufs et les embryons de tous les animaux, infusoires, filaments spermatiques, etc., ce liquide laisse absolument intact toutes les variétés de cellulose, soit à froid, soit à chaud, il en est de même pour les Bactéries qui ne sont nullement attaquées par ce réactif dont la découverte est due à M. Robin [1]. Plus récemment encore on a observé que l'acide acétique concentré faisait pâlir tout tissu animal, tandis qu'il restait sans action sur les tissus végétaux et sur les Bactéries [2]. Par suite de ces raisons, la place des Bactéries dans le règne végétal est admise aujourd'hui incontestablement par tous les botanistes; seulement tous ne sont pas d'accord sur la place qu'elles doivent occuper dans la série des plantes. Bon nombre d'auteurs les rangent parmi les plantes acotylédones amphigènes, dans la classe des champignons (*Fungi*), groupe des *Schyzomycètes*.

Cohn les considère comme des Algues, et dans ses derniers travaux, il les classe sous la dénomination de *Schyzophytes* auprès de plusieurs genres d'oscillariées avec lesquelles elles ont beaucoup de rapport; elles en diffèrent cependant par le manque de chlorophylle.

Classification des Bactéries.

Abandonnant pour le moment la partie botanique, qui demanderait, pour être suffisamment développée, un peu

(1) Ch. Robin, *Du Microscope*. Paris, 1877, p. 235.

(2) Magnin. *Les Bactéries*. Paris, 1878.

plus de temps et un cadre plus vaste, il reste à exposer clairement les formes que les Bactéries peuvent présenter et leur disposition systématique en groupes et sous-groupes.

Je mentionnerai, pour mémoire, les classifications de Mueller (1773), d'Ehremberg (1838), de Dujardin (1841), elles sont aujourd'hui sans importance.

Davaine partageait les Bactéries entre les quatre groupes suivants :

Filaments droits ou courbes, mais non en hélice, qui se meuvent spontanément :

Droits	— *Bacterium.*
Courbés	— *Vibrio.*
Immobiles	— *Bacteridium.*
Filaments en spirales	— *Spirillum.*

Cette classification a plusieurs défauts, d'abord elle ne comprend pas les Bactéries globuleuses, que l'on ne peut séparer des autres. D'un autre côté, on voit un genre *Bacteridium* formé par les Bactéries immobiles, et qui n'a pas sa raison d'être, puisque l'on est convenu de dire que le mouvement, ou le repos, sont le plus souvent un état transitoire de leur existence, et que sur cet état on ne peut fonder une classification juste et précise.

Cohn, dans ses nombreux travaux sur les Bactéries, les classe de la manière suivante :

Sphœrobacteries ou *Bactéries globulaires.*	Gen. *Micrococcus.*
Microbactéries ou *Bactéries en bâtonnets courts.*	Gen. *Bacterium.*

Desmobactéries ou *Bactéries en bâtonnets longs droits.* Gen. *Bacillus.*
contournés. Gen. *Vibrio.*
Spirobactéries ou *Bactéries en spirales simples.* Gen. *Spirillum.*
compliquées. Gen. *Spirochaete.*

Ce genre de classification est suivi aujourd'hui par la majeure partie des auteurs. Il est vrai qu'une classification basée seulement sur la forme d'êtres qui, comme nous le verrons par les expériences faites, sont polymorphes, ne peut être bien naturelle. Du reste aucun autre critérium ne peut venir à votre secours, puisque l'on observe les mêmes formes de Bactéries dans les circonstances les plus diverses.

Instruit de cette difficulté, et persuadé aussi, du reste, que les différentes formes de ces êtres peuvent se transformer les unes par les autres, Th. Billroth (1) a émis l'opinion que toutes les Bactéries, moins celles en spirales, ne sont autres qu'une forme différente d'une unique espèce qu'il se propose d'appeler *Coccobacteria Septica*, laquelle se développe tantôt en forme de petites utricules, tantôt en bâtonnets, suivant le milieu où elles se trouvent et la période de putréfaction (2) et constituerait ainsi, accidentellement, des types en apparence très divers.

(1) Billroth. *Untersuchung ueber die Coccobacteria Septica*. Berlin, 1874.

(2) M. Cohn, dans son premier mémoire sur les Bactéries, les considérait comme une famille naturelle très variée dans ses formes, et comprenait sous le nom de Bactéries ou Schyzomycètes, tous les types les plus inférieurs des végétaux, caractérisés par une propriété commune; celle de se diviser par scissiparité. M. Billroth, au contraire, serait d'une opinion opposée, d'après laquelle les Bactéries proprement dites (*Bacterium*) seraient des êtres doués de la faculté de varier considérablement, suivant les milieux et les circonstances.

Admettant le principe de l'unité d'espèce dans les Bactéries, Billroth n'en classe pas moins les formes en ayant égard à la grandeur et au mode d'aggrégation.

Déjà à la fin de 1865 M. Ch. Robin pensait que la majeure partie des Bactéries étaient une forme passagère du *Leptothrix buccalis* et il avait cherché à démontrer que les Bactéries du sang charbonneux finissaient par se transformer en ce végétal. Il ajoutait à l'appui de sa manière de voir, comment suivant Hallier, les *Micrococcus* se transformaient en *Oïdium* dans le mucus et en *Penicillum* à l'air libre, de même que les *Micrococcus* pouvaient aussi se changer en *Bactéries* et *Vibrions*.

Encore aujourd'hui quelques auteurs modernes ne sont pas éloignés de croire que la majeure partie des *Micrococcus*, si non tous, sont des spores de Bactéries filiformes.

Avec une autre manière de voir, M. Trevisan (1) a donné dernièrement une classification des Bactéries, dans laquelle le nombre des genres et des espèces est beaucoup plus grand que celui admis par Cohn, Warming et les autres auteurs allemands. Il divise les *Bacteriacées* en deux tribus. *Bacterieæ* (unicellulaires) et *Vibrionieæ* (pluricellulaires).

La première tribu comprend les genres *Micrococcus*, *Bacterium*, *Sarcina*, *Chlamydatomus* et *Ascococcus*; la seconde les genres *Mantegazzea*, *Metallacter* (Bacillus), *Leptothrichia*, *Beggiatoa*, *Crenothrix*, *Vibrio*, *Spirillum*, *Spirochaete*, *Spiromonas*, *Myconostoc*, *Cladothrix*, et *Streptothrix*.

Ces dix-sept genres comprennent 92 espèces certaines outre 6 incomplètement connues.

(1) Trevisan. Introduzzione allo studio dei Bacteri, atti dell' instituto Lombardo, 1879.

Cette question est encore loin d'être résolue; l'opinion de Billroth est peut-être un peu trop exclusive; d'un autre côté, c'est peut-être également une erreur de vouloir distinguer tant d'espèces différentes.

Pour le moment, cela ne se peut qu'à la condition de décrire distinctement les diverses formes de Bactéries, comme si elles étaient véritablement des formes spécifiques. Ce serait du reste le moyen le plus commode pour s'entendre sur celles que l'on observe et sur celles que l'on désire faire observer aux autres. Il est bien entendu que les genres et les espèces que nous allons décrire sont à considérer comme provisoires, jusqu'à ce que des études ultérieures ou des moyens de diagnose plus précis ne viennent apporter un peu plus de lumière sur ce sujet litigieux.

Après la classification de M. Cohn, acceptée par la pluralité des auteurs, et dont il a été déjà fait mention, en voici une autre plus récente, faite par M. Luerssen [1] ,dans laquelle les genres de ce groupe sont arrangés de la manière suivante :

A. Cellules non réunies en filaments :

a se divisant dans une seule direction.

α Globuleuses . . . . *Micrococcus.*

β Elliptiques ou courtement cylindriques. . . . . *Bacterium.*

b se divisant régulièrement dans trois directions, et formant ainsi des familles dont l'ensemble affecte une forme cubique . . . . . *Sarcina.*

(1) Revue internationale des Sciences, tome III, p. 242 (1880).

B. Cellules réunies en filaments :

a filaments droits imparfaitement segmentés.

- α très courts et très grêles. . . . *Bacillus.*
- β très fins et très longs . . . . . *Leptothrix.*
- γ épais et longs . . . . *Beggiatoa.*

C. Filaments ondulés ou spiraux :

a courts et raides.

- α Légèrement ondulés, formant parfois des flocons laineux. . *Vibrio.*
- β spiraux, raides, se mouvant seulement en avant ou en arrière. *Spirillum.*

b longs et flexibles. . . . . *Spirochaete.*

Genre **Micrococcus**, Cohn.

Syn. *Micrococcus* Hallier. *Micro-sphœra*, Cohn (ante). *Monas*, Ehremberg (ex-parte). *Microsporon*, Klebs. *Amylobacter*, Trécul. (ex-parte). *Microzyma*, Béchamp.

Cellules de formes arrondies ou ovales, incolores ou à peine colorées, parfois d'un diamètre inférieur à 1 millième de millimètre (1 μ). Tantôt isolées ou réunies. Manquent de mouvement ou présentent à peine une légère oscillation, sans changement de place. Ce genre comprend les premiers êtres qui se manifestent dans les décompositions organiques, et sont si petits qu'à moins d'employer de forts grossissements, ils paraîtraient tout à fait punctiformes, et non pas avec leur forme réelle cellulaire.

Aussi est-il parfois difficile, bien que se servant des plus puissants microscopes, de dire si ce sont des *Micrococcus* ou de petites granulations molléculaires, organiques ou inorganiques que l'on découvre dans le liquide examiné.

Cette difficulté est peut-être la cause que de nombreux observateurs ont trouvé des Micrococcus là où d'autres n'en avaient point découvert. Pour ne point tomber dans cette erreur, rappelons-nous que les détritus informes inorganiques, bien que très petits et doués du mouvement brownien [1], se présentent plus ou moins anguleux de forme ou de volume.

Dans les *Micrococcus,* au contraire, la forme exactement ovale ou sphérique est constante et tous ceux que l'on observe dans le champ du microscope sont semblables par la forme et le volume ; lorsque l'on en trouve quelques-uns réunis en forme de grains de chapelet, vous n'avez plus aucun doute. Si nous nous rappelons de plus que l'alcool, l'ammoniaque, l'éther, de même que l'ébullition, sont sans action sur la forme des micrococcus, tandis que beaucoup de granulations organiques ou inorganiques seront anéanties par ces divers procédés. Enfin, il est bon de savoir que si l'on chauffe légèrement la préparation, les *Micrococcus* s'agitent avec un mouvement très accentué, tandis que les granulations organiques ou inorganiques restent immobiles et n'augmentent que fort peu leur mouvement moléculaire.

Quelques auteurs modernes ajoutent à la description des *Micrococcus* celle des Monades, compris dans la plus stricte acception du mot, en excluant les vraies infusoires et les

(1) Lorsque, dit Robert Brown, des particules extrêmement ténues de matière solide, soit organique, soit inorganique, se trouvent en suspension dans l'eau pure ou dans quelqu'autre fluide aqueux, elles laissent apercevoir des mouvements dont la cause m'échappe, et qui, par leur irrégularité et leur indépendance apparente, ressemblent à un degré remarquable aux mouvements moins rapides des infusoires les plus simples. (Ch. Robin. *Traité du microscope*, p. 468).

zoospores. Il n'y a pas lieu de suivre cet exemple, quoique les Monades pris dans ce sens soient beaucoup plus près des *Micrococcus ;* cependant au lieu de vivre, comme ces derniers, dans les substances organiques en décomposition, elles végètent dans les eaux jaunâtres ou stagnantes, et sont, du reste, bien plus grandes que les *Micrococcus* et aussi bien plus mobiles.

Les *Micrococcus* peuvent être divisés en deux groupes, qui peuvent également être considérés comme deux sous-genres :

1° Micrococcus incolores (*Micrococcus*).

2° Micrococcus colorés (*Chromococcus*).

Micrococcus incolores.

Micrococcus de diamètre égal ou inférieur à 1 μ.

Globulaires : produits dans les infusions végétales ou animales . . . . *M. Crepusculum*

Dans le pus ou le sang septique *M. Septicus.*

Ovales :

Dans les plaques diphtériques. . *M. Diphtericus.*

Dans l'intestin des vers à soie. . *M. Bombycis.*

Micrococcus d'un diamètre superieur à 1,5 μ. . . . . *M. Ureæ.*

Micrococcus Crepusculum, Cohn.

Syn. *Monas crepusculum*, Ehrenb. *Protococcus nebulosus*, Kutz.

Cellules globulaires de 0,5 à 1 μ de diamètre, hyalines ordinairement isolées, ce sont les premières Bactéries qui se présentent dans les matières végétales ou animales en putréfaction.

Micrococcus Septicus.

Syn. *Micrococcus septicus* et *Micrococcus vaccinœ*, Cohn.

Cellules globulaires, incolores de 0,5 μ environ de diamètre. On le trouve dans le pus des plaies, dans les callosités des ulcères, dans les pustules du vaccin et des varioleux.

Micrococcus Diphtericus, Cohn.

Syn. *Tilletia diphterica,* Letz.

Cellules granuleuses ovoïdes mesurant de 0,35 à 1,1 μ isolées ou unies. Ce Micrococcus a été trouvé par plusieurs observateurs sur les plaques diphtériques ; il est susceptible, comme les précédents, de s'introduire et de végéter dans le sang.

Micrococcus Bombycis, Béchamp.

Cellules plus ou moins ovales et d'un diamètre de $0^m,005$ à $0^m,001$; cette forme se trouve dans l'intestin des vers à soie atteints de maladie.

Micrococcus Ureœ, Cohn.

Cellules ovales unicolores, diam. de 0,1 μ à 0,2 μ.

Cette forme se trouve dans les urines décomposées quand l'urée se transforme en carbonate d'ammoniaque ; à cette forme doivent se rapporter celles décrites par M. Van Tieghem dans les décompositions de l'acide hippurique en acide benzoïque et glycose et les autres décrites par M. Pasteur dans le vin décomposé et dans la levûre de bière. (*Micrococcus fermenti*, Trevis).

Micrococcus colorés (*Chromococcus*).

Il faut de toute nécessité séparer les *Micrococcus* colorés des autres qui sont incolores, ils diffèrent de ces derniers par la formation d'une substance pigmentaire ; ensuite les *Chromococcus* ne se développent pas comme les autres dans les liquides ordinaires en décomposition, mais presque toujours sur les substances alimentaires exposées à l'air humide.

Chromococcus à matière colorante insoluble dans l'eau.

Chromococcus Prodigiosus.

Syn. *Micrococcus prodigiosus*, Cohn. *Monas prodigiosa*, Ehrem. *Palmella prodigiosa*, Mont.

Se développe sur certaines substances alimentaires cuites exposées à l'air humide. Trouvé par M. Bergonzini sur de la bouillie de farine et sur du pain abandonné un certain temps dans un coffre fermé, coloration rouge.

Chromococcus luteus.

Syn. *Micrococcus luteus*, Cohn. *Bacteridium luteum*, Schroet.

Observé sur des patates cuites. Couleur jaune.

Chromococcus de matière colorante soluble dans l'eau.

Chromococcus candidus.

Syn. *Micrococcus candidus*, Cohn.

Observé sur des patates cuites sous forme de masses blanchâtres.

Chromococcus fulvus.

Syn. *Micrococcus fulvus*, Cohn.

Sur la fiente de cheval en forme de gouttelettes. Couleur rouille.

Chomococcus aurantiacus.

Syn. *Micrococcus aurantiacus*, Cohn. *Bacteridium aurantiacum*, Schr.

Sur les pommes de terre cuites et le blanc d'œuf dur. Sous forme de gouttelettes, couleur orangée.

Chromococcus chlorinus.

Syn. *Micrococcus chlorinus*, Cohn.

Observé sur le blanc d'œuf dur. Couleur jaune verdâtre.

Chromococcus cyaneus.

Syn. *Micrococcus cyaneus*, Cohn. *Macteridium cyaneum*, Schr.

Observé sur des patates cuites. Couleur bleu foncé.

Chromococcus violaceus.

Syn. *Micrococcus violaceus*, Cohn. *Bacteridium violaceum*, Schroet.

Sur les patates cuites. Violet.

Gen. Bacterium, Cohn.

Syn. *Bacterium-Duj.* (Emend).

Cellules cylindriques ou elliptiques courbes, à mouvements spontanés oscillatoires, très vifs, le plus souvent libres, quelquefois réunies deux à deux, rarement 3 et 4 au plus. Le genre *Bacterium* peut se diviser en deux sections comme le genre *Micrococcus*.

Bactéries incolores (*Bacterium*).
— colorées (*Chromobacterium*).

Bacteries incolores (*Bacterium*),

D'une longueur inférieure à 3 μ. *Bacterium Termo*.
D'une longueur supérieure, jusqu'à 5,25 μ. . . . . *Bacterium Lineola*.

Bacterium Termo, Ehr., Duj., Cohn.

Syn. *Monas termo*, Müller; *Vibrio lineola*, Ehr. (Expart.).

Cellules cylindriques, incolores, un peu renflées au milieu, isolées, quelquefois réunies 2 à 2. Longueur 2 à 3 μ, grosseur 0,6 à 1,8 μ, mouvement oscillatoire, avec le *Micrococcus crepusculum* ; ce sont les premiers êtres qui apparaissent dans les matières organiques, végétales ou animales en putréfaction et se portent à la surface du liquide.

Bacterium lineola, Cohn.

Syn. *Vibrio lineola*, Müller; *Vibrio lineola*. Duj. (expart.) *Bacterium punctum*, Ehr.

Cellules cylindriques, incolores, droites, rarement courbées, isolées ou réunies à 2,4, jamais en plus grand nombre. Longueur 3,8 à 5,25 μ, largeur jusqu'à 1,25 au plus. Mouvement oscillatoire plus vif que dans le *B. Termo*. Se trouve fréquemment dans les infusions animales et végétales. N'est peut-être qu'une forme adulte du *B. Termo*, dont il ne diffère que par sa plus grande longueur.

Bactéries colorées (Chromobacterium).

Chromobacterium syncyanum.

Syn. *Bacterium syncyanum*, Schroet ; *Vibrio sincyanus*, Ehr.

Cellules cylindriques, le plus souvent en chapelet.

Couleur bleue. Dans le lait de vache altéré par une coloration bleue.

Chromobacterium æruginosum.

Syn. *Bacterium æruginosum*, Schroet.

Cellules ressemblant au *B. Termo*, souvent réunies, teinte bleue verdâtre, dans le pus.

Chromobacterium brunneum.

Syn. *Bacterium brunneum*, Schroet.

Dans les infusions de maïs avarié, couleur brune.

Chromobacterium xanthinum.

Syn. *Bacterium xantinum*, Schroet ; *Vibrio synxanthus*, Ehr.

Dans le lait de vache altéré, couleur jaune.

Genre **Bacillus**. Cohn.

Syn. *Bacteridium, Davaine*, Métallacter. Perty. Métallacter. Trévis.

Cellules cylindriques, filiformes droites allongées, tantôt isolées, tantôt en forme de chaînette plus ou moins longue (*Leptothrix*), réunies en essaim, jamais en zooglea [1], tantôt mobiles, tantôt immobiles.

Les Bacillus se divisent en *B.* incolores et en *B.* colorés (*chromobacillus*).

Bacillus incolores dont chaque article a une longueur de 8 μ ou un peu plus.

Bacillus ulna. Cohn.

Syn. *Vibrio bacillus*, Ehr. Muller Dujard.

Cellules filiformes droites en chapelet de 2 à 4 articles. Se meuvent avec un mouvement de rotation sur elles-mêmes. Se développe dans toutes les infusions d'eau de mare ou d'eau douce, avec des substances animales et végétales. On peut rapporter à cette forme le *Bacteridium intestinale* Davaine, trouvé dans l'intestin d'un oiseau.

Bacillus incolores dont chaque article a 6 μ de long. Très minces.

B. subtilis. Cohn.

Syn. Vibrio *subtilis*, Ehr. *Fermento butiryco* de Pasteur.

(1) Zooglea, zooglée : substance agglutinée gélatineuse.

Cellules filiformes, très fines, allongées, réunies en chaînette de 2 à 20 articles, chaque article de 5 à 6 μ, grosseur impossible à mesurer. Mouvement oscillatoire d'avant en arrière. Se trouve dans les fermentations butyriques. On peut se le procurer en faisant macérer dans l'eau un petit morceau de fromage gras. Se trouve également dans les eaux stagnantes.

B. Anthracis, Cohn.

Syn. *Bacterium anthracicum*, Bolling. *Bacteridium* du charbon, Davaine.

Cellules filiformes, allongées, très ténues réunies en chapelet de plusieurs articles, chaque article long de 4 à 6 μ, grosseur à peine appréciable, privée de mouvement. Cette bactérie, qui, du reste, à part le mouvement, est presque identique au *B. subtilis*, se trouve dans le sang charbonneux des animaux (1).

M. Cossart Ewart (2), dans un mémoire qui peut être considéré comme une addition aux importantes recherches de MM. Cohn et Koch, de Breslau, relate les constatations qu'il a faites au microscope, en examinant les parcelles de la rate d'une souris, laquelle avait succombé à l'inoculation de la maladie dite « sang de rate ». Il vit de nombreux bâtonnets immobiles au milieu des globules du sang, ces

(1) Voir les travaux de M. Pasteur sur la vaccination charbonneuse. Le *Bacillus Anthracis* découvert pour la première fois par le Dr Davaine, en 1850, aurait, d'après ce dernier, la propriété de causer et de propager les divers états pathologiques qui coexistent avec la présence de ce végétal dans le sang, et qu'on appelle sang de rate, charbon, pustule maligne, etc. Les idées de M. Davaine ont été très discutées ; ses contradicteurs doivent cependant reconnaître qu'elles ont aujourd'hui gagné beaucoup de terrain.

(2) *Quarterly Journal of microscopical science* (avril 1878).

bâtonnets variaient de longueur, le plus court égalant environ le double du diamètre des globules du sang humain. Après avoir été conservés à une température de 0,33 centig. environ pendant quelques heures, la plupart entrèrent en mouvement. Ils présentèrent alors des modifications; quelques-uns laissèrent apparaître dans leur intérieur des espaces plus clairs, prélude de la division en segments. Dans cette segmentation l'auteur a observé l'existence d'un cil unissant d'abord les deux segments voisins (connected by a very delicate thread), de même que M. Dallinger (1), il a constaté aussi la formation des spores, due à la contraction du protoplasma, leur issue hors des bâtonnets, leur division en quatre cellules filles et leur allongement en bâtonnets nouveaux. Le phénomène le plus curieux de tous ceux qu'il figure est peut-être l'enchevêtrement des bâtonnets, très allongés et devenus des filaments sporifères, en un réseau cylindrique dans son ensemble et formé de mailles régulières.

B. Amylobacter, Van Tieghem.

Syn. *Amylobacter*, Trécul.

Cellules filiformes, fines, cylindriques, isolées ou en chapelet, de 2 à 4 articles, chacun d'une longueur de 6,6 μ, grosseur 1,1 μ, presque toujours immobiles. Elles présentent souvent une spore terminale ou dans leur milieu, dans ce dernier cas elles sont fusiformes.

(1) M. Dallinger est parvenu, à l'aide d'un grossissement de 4,000 diamètres, à voir les deux masses ovalaires du *Bacterium Termo*, et à en évaluer, en fraction décimale, le diamètre des cils. Il faudrait pouvoir expliquer à l'aide de quelle manipulation, de quels procédés spéciaux d'éclairage et de calcul, M. Dallinger est parvenu à cette évaluation, par l'emploi des lentilles à immersion fabriquées exprès pour lui par MM. Powell et Lealand.

M. Ph. Van Tieghem [1] s'est livré à diverses expériences à la suite desquelles il est arrivé à conclure que le *B. Amylobacter* est l'agent de la putréfaction végétale et se développe entre les cellules végétales intactes, il ne devient l'agent de la putréfaction qu'en dehors du contact de l'air. Cette condition explique pourquoi on ne trouve pas d'amylobacter à la surfacc des liquides de macération, tandis qu'ils pullulent dans la profondeur, et bien plus encore dans l'intimité des tissus d'où l'oxygène est totalement absent [2] même quand les fragments sont voisins de la surface des liquides. Pour se procurer cet organisme, il suffit de mettre sous l'eau et d'exposer à une température de 25 à 35 degrés des fragments d'organes végétaux quelconques, racine, tige, feuille, fleur, fruit, réceptacle sporifère des grands champignons, etc., ordinairement après trente-six heures en été on pourra faire l'étude anatomique des tissus.

M. Pierre Miquel, dans l'annuaire de Montsouris (1881), expose des faits de culture intéressants et parle du *Bacillus Ureae* (Koch) qui cultivé dans du bouillon neutre tombe au fond du vase et meurt en laissant au liquide sa parfaite transparence ; mais si l'on ajoute au bouillon un peu d'urée pure en présence du parasite vivant, la liqueur se trouble et se charge de carbonate d'ammoniaque.

L'expérience éclairera, dit M. Miquel, sur le rôle que joue cet organisme dans les affections où l'urine, le sang et l'haleine des malades exhalent une forte odeur ammoniacale.

(1) Voir les travaux de M. Ph. Van Tieghem sur le *B. Amylobacter. Bulletin de la Société botanique de France*, tome XXIV, page 128, tome XXVI, pages 25 et 65, tome XXVII, page 285.

(2) Etudes chimiques sur le squelette des végétaux, par MM. Frémy et Urbain, *Annales des sciences naturelles*, tome XIII, pages 360-382.

Le même auteur, appuyé sur des milliers d'observations, s'inscrit en faux contre l'instabilité spécifique attribuée aux bactéridiens par plusieurs savants d'Allemagne et de Russie; de toutes les espèces qu'il a cultivées à l'état de pureté, aucune, dit-il, n'a abandonné ses aptitudes spéciales, ni ne s'est éloignée d'un cycle d'évolution propre à chacune d'elles.

Il faut donc se tenir en garde contre certaines illusions et certaines analogies. Les *Bacillus* privés d'oxygène peuvent devenir semblables aux *Bacterium*, et les *Bacterium* morts sont aisément confondus avec les *Micrococcus*.

Enfin la plante semée dans un milieu artificiel peu propice à son accroissement devient souvent chétive et diminue de grosseur.

Bacillus colorés (*Chromobacillus*).

Chromobacillus, Ruber.

Syn. *Bacillus Ruber*. Cohn.

Cellules filiformes, bacillaires rouges, isolées ou réunies en chainette de 2, 3 ou 4 articles qui se meuvent rapidement. Trouvée par M. Cohn sur une substance muqueuse vermeille qui s'était développée sur des grains de riz.

Genre Vibrio, Cohn.

Cellules cylindriques, filiformes, plus ou moins distinctement articulées, légèrement contournées en spirales, de sorte qu'elles présentent en projection la figure d'une ligne ondulée sur un même plan, douées de mouvement de progression et de rotation autour de l'axe de la spirale propre.

Quant à présent on n'a pas observé de vibrions colorés.

Nous n'en ferons qu'un groupe.

Vibrions avec une seule courbure. . *Vibrio Rugula.*
— avec 2 ou 4 courbures et plus *Vibrio Serpens.*

Vibrio Rugula, Müller.

Syn. *Vibrio lineola*, Duj. (Ex parte) *Melanella flexuosa*, Bory.

Cellules filiformes, allongées, cylindriques, présentant dans leur milieu une courbure unique pas très prononcée, mais distincte. Longues de 8 à 16 μ et plus, larges de 7 à 8 μ les plus longues (jusqu'à 35 μ.) sont en voie de division; mouvement de progression et de rotation autour de l'axe simulant un mouvement serpentiforme.

Ces Vibrions se trouvent dans les infusions animales et végétales peu de temps après l'apparition des *Micrococcus*, des *Bactéries* et des *Bacillus*. Ils sont ou en essaims ou isolés. Telle est la forme qui a été trouvée par M. Pouchet dans les déjections des cholériques et par Leeuwemhoeck dans les déjections diarrhées et dans les mucosités dentaires.

Vibrio Serpens, Müller.

Cellules filiformes, cylindriques, allongées, présentant 2 à 4 ondulations régulières. Longues de 11 à 25 μ, épaisseur 7 à 8 μ, mouvement analogue au précédent. Se trouve comme le *Vibrio regula* dans les infusions et aussi dans l'eau de rivière, plus rare que le précédent.

Genre Spirillum, Ehr.

Cellules cylindriques, allongées, filiformes, distinctement contournées en spirale en un tour ample, dont l'axe est une ligne droite, se mouvant avec un mouvement de progression rapide et avec un mouvement de rotation autour de leur axe.

Il semble que quelques *Spirillum* puissent être colorés et il a été déjà décrit un *Spirillum rufum* par Perty et un *Sp. violaceum* par Warming, mais comme l'une est une espèce trouvée seulement dans les eaux de la mer (*S. violaceum*) et que l'autre n'a pas été vue par d'autres observateurs et peut engendrer des doutes, on ne doit pas en tenir compte.

Les *Spirillum* doivent être jusqu'à preuve du contraire considérés comme incolores.

Spirillum présentant un 1/2 à 1 tour de spirale rarement 1 1/2 ou 2, 3 . . . . *Spirillum undula.*
présentant 2 à 7 tours de spirale
très minces. . . . . *Spirillum tenue.*
plus gros. . . . . *Spirillum volutans.*

Spirillum undula, Ehr.

Syn. *Vibrio prolifer*, Ehr. *Vibrio undulata*, Müller.

Cellules cylindriques, filiformes, flexueuses, présentant un demi à un tour de spire rarement 2 ou 3, grosseur 1, 3 μ, longueur 8 à 10 μ, diamètre de la spirale 5 μ, pas de vis de la spirale 3 à 5 μ, mouvement en spirale rapide.

Se présentent dans les infusions animales et végétales fétides, après un certain temps de développement de putréfaction. Se développent moins facilement en hiver qu'en été.

Se trouvent également dans les eaux courantes.

Spirillum tenue, Ehr.

Cellules cylindriques, filiformes, fines, flexueuses, présentant ordinairement 3 à 4 tours de spire, grosseur 0,8 à 1 μ, longueur 4 à 15 μ, diam. de la spirale 2 à 3 μ, pas de vis 2 à 3 μ. Mouvement de spirale rapide.

Se trouvent comme les précédents dans les infusions fétides.

Spirillum volutans, Ehr. Duj.

Syn. *Melanella Spirillum,* Bory.

Cellules cylindriques, filiformes, grosses, flexueuses, présentant de 2 à 3 1/2 tours de spire, rarement 6 à 7, grosseur 1,5 μ, longueur 25 à 30 μ, diam. de la spirale 6,6 μ, pas de vis 13 μ, mouvement tantôt rapide, tantôt nul.

Comme les précédents, se trouve dans les infusions putrides végétales ou animales, dans l'eau de mare, dans l'eau douce; c'est dans cette forme que l'on peut le plus facilement et le plus distinctement apercevoir un cil.

Genre Spirochaete, Ehr.

Syn. *Spirillum,* Duj. (Ex parte).

Cellules cylindriques, filiformes, très allongées, distinctement contournées en spirales en tours serrés, dont l'axe est une ligne flexueuse, probablement spirale, présentant des mouvements de courbure en avant et de rotation autour de son axe. Il n'existe qu'une seule espèce.

Spirochaete plicatilis, Ehr.

Syn. *Spirillum plicatile*, Duj. *Spirochaete Obermeierii*, Cohn.

Présentant les caractères de la description du genre.

Longueur totale 130 à 200 μ. Cette bactérie, qui est la plus grande de toutes et la plus rare à rencontrer, se trouve dans les infusions putrides conservées quelque temps, dans les eaux stagnantes, dans les eaux de mare.

Obermeier l'avait trouvée dans le sang de malades atteints de fièvres intermittentes. Son observation s'est trouvée confirmée par d'autres. Aussi Cohn a-t-il fait de ce spirochaete une espèce à part, *Spirochaete Obermeierii*, qui se distinguerait du *Plicatilis* par la terminaison en pointe aux deux extrémités.

Nutrition des Bactéries.

Le phénomène de la nutrition des Bactéries doit être évidemment très simple et renfermer en même temps des phénomènes variés. La très petite, si non presque nulle *différentiation* organique qui existe dans ces êtres ne permet point de distinguer les phénomènes de l'absorption des substances alimentaires, de la respiration, et de l'assimilation. Entre temps l'on peut distinguer un cil, une enveloppe membraneuse, un contenu, ces êtres sont pour nous comme l'expression de la plus grande simplicité vivante, outre laquelle nous ne savons imaginer autre chose que les granulations du protoplasma, ou les molécules chimiques.

M. Pasteur cultive pendant des mois entiers différentes espèces de Bactéries à l'aide de bouillon de poulet et de bœuf.

M. Kühn (1) a fait vivre dans le liquide de Bucholtz (2) des Bactéries prises par lui dans diverses infusions afin de mieux constater sur ces Bactéries l'action des antiseptiques. Les principaux antiseptiques mis en action par lui étaient : le sublimé corrosif, l'acide salicylique, l'acétate d'alumine, l'acide borique et le thymol.

Les Bactéries choisies s'étaient développées les unes dans l'infusion de pois, les autres dans une solution de blanc d'œuf, d'autres dans une solution de seigle ergoté, d'autres encore dans une infusion de tabac. Les actions ont été différentes selon les cas. Il importe de faire remarquer que les Bactéries ne se comportaient pas de même dans le liquide de Bucholtz. Il y a là un moyen d'analyse biologique de l'espèce qui comptera dorénavant parmi les moyens de détermination. Dans les cas les plus favorables, il a suffi d'une dose extrêmement faible d'antiseptique pour tuer les Bactéries, par exemple de $\frac{1}{5000}$ d'acétate d'alumine et de $\frac{1}{25.000}$ de sublimé corrosif. Le thymol, auquel on reconnait en médecine une réelle action contre la fermentation du sang dans les fièvres graves, n'a agi qu'à $\frac{1}{3000}$ dans les expériences de M. Kühn.

(1) Kühn. *Recherches sur les conditions de vie des Bactéries.* Dorpat, 1879.

(2) Ce liquide de Bucholtz se compose de : tartrate d'ammoniaque 1 gramme, phosphate de potasse, 0gr,50 par 100 grammes d'eau.

Reproduction des Bactéries.

Les Bactéries comme tous les êtres organisés et vivants ont une tendance à s'accroître après leur premier développement. Remarquons cependant que cette tendance semble se vérifier seulement dans le sens longitudinal. Quand la Bactérie a atteint environ le double de sa longueur ordinaire, il se forme dans son milieu une sorte de séparation perpendiculaire à son plus grand axe qui divise la cellule bactérienne en deux. Celles-ci continuent pendant un certain temps à rester unies, et en cet état peuvent encore croître et se diviser de nouveau formant comme une chaîne ou un chapelet, puis enfin chaque cellule se sépare complètement et s'assure une individualité.

Lorsqu'un tel mode de reproduction par *scissiparité* arrive dans un milieu très riche en substances nutritives, et par cela même avec rapidité, les nouvelles Bactéries peuvent rester comme agglutinées entre elles par une substance gélatineuse (*zooglée*) qui semble être un produit de leur secrétion. Lorsque la scissiparité, qui constitue l'un des modes de reproduction des Bactéries, est mise en jeu, les deux fragments voisins qui se séparent restent un certain temps unis par un fil qui se brise ensuite dans son milieu, et chacune des deux moitiés du fil rompu devient un cil appendu à la surface de la cassure du fragment nouvellement séparé. Si un être unique se fragmente en deux tronçons, chacun des deux tronçons constitue un être nouveau muni de deux cils [1].

(1) Dans une communication faite à la Société Botanique de

Suivant Cohn on peut admettre qu'une Bactérie se divise en deux dans l'espace d'une heure, ce qui n'est pas facile à déterminer exactement.

Outre la reproduction par scissiparité, les Bactéries peuvent se reproduire aussi par spores. M. Robin (1) parle de la spore du *Leptothrix buccalis*, et à l'égard des autres Bactéries cela ne fait pas l'ombre d'un doute pour Cohn, Billroth et Koch.

On peut s'en rendre compte dans le *Bacillus amylobacter* dont les spores renferment de l'amidon, ce dont on peut s'assurer à l'aide de la glycérine iodée (2) ; avec un peu d'habitude on reconnait d'ailleurs directement la présence de l'amidon dans le protoplasma, à la réfringence plus grande et toute spéciale qu'il lui communique. Le principal caractère spécifique, essentiellement transitoire de ce *Ba-*

France (tome XXVII, p. 151), M. Ph. Van Tieghem décrit quelques formes nouvelles de Bactéries et s'applique à faire ressortir les modifications que l'existence et le mode de développement de ces organismes paraissent devoir apporter à l'idée qu'on se fait généralement de la cellule, en la considérant comme un élément irréductible.

M. Ph. Van Thieghem a démontré par expérience que la cellule n'est en aucune façon un élément. On peut en effet la morceler, en isoler un fragment quelconque, ce fragment jouit, étant placé dans des conditions convenables, de toutes les propriétés de la cellule entière et suffit à la régénérer.

(1) Robin. *Histoire nat. des végétaux parasites*. Paris, 1853.

(2) M. Cornu assure qu'on ne peut conclure à la présence de l'amidon d'après la seule coloration obtenue par l'iode. Ainsi un point situé dans l'intérieur de la thèque des *Hypoxylon*, un peu au-dessous du sommet, se colore en bleu sous l'influence de ce réactif, sans qu'il y ait cependant trace d'amidon. Il en est de même pour la paroi des thèques et des paraphyses dans certains *Pezizes*, ainsi que pour les apothécies des Lichens. Certains points d'une même Algue, parasite sur les conferves, l'*Aphanochaete repens*, bleuissent par l'iode, même quand on l'emploie en quantité assez faible, pour colorer à peine les grains d'amidon de ces conferves. Dans ces trois derniers cas, la coloration paraît due à une modification de la cellulose.

cillus est la présence d'amidon amorphe, formé et mis en réserve pendant la période de grossissement pour être employé plus tard et consommé pendant la phase reproductrice.

La découverte de cet organisme a été faite par M. Trécul en 1865, dans les laticifères et les cellules parenchymateuses de diverses plantes lactescentes, soumises à la putréfaction dans le but d'isoler les laticifères.

Nous disions donc qu'à l'aide de la glycérine iodée on pouvait observer le moment où se forme la spore ; elle se présente à une extrémité, ce qui fait paraître la Bactérie pourvue d'une sorte de tête (*Vibriocephalus*) ou bien la spore se présente dans le milieu, alors la Bactérie devient fusiforme.

Les Bactéries ne se reproduisent par spores que dans des cas exceptionnels, ce qui peut arriver sous l'influence de causes physiques propres à déterminer la mort des individus telles que : chaleur excessive, privation d'oxygène, dessiccation. Dans ce cas les spores sont globuleuses, dans les espèces à cellules globuleuses, et ovales, dans les espèces à cellules allongées entourées par une substance cristalline qui les rend fortement réfringentes et douées de la faculté de résister à de hautes températures, et à la majeure partie des moyens de destruction.

Outre ce mode de reproduction que possèdent les Bactéries déjà développées, on voudrait admettre aussi la production spontanée ou hétérogène ; on sait combien cette question a donné lieu à de grands débats. Vouloir rappeler aussi succinctement que possible les expériences qui ont été faites à ce sujet, pour ou contre, avec des résultats très divers, cela nous entraînerait bien loin ; aussi ne ferons-nous mention que des opinions des principaux savants.

Pour les *Panspermistes* (Pasteur, etc.), l'origine des Bactéries dans les liquides putrides s'expliquerait par la présence dans l'air de germes qui, tombant dans un liquide putride, aurait trouvé un terrain favorable pour se développer et végéter ; pour eux, en filtrant l'air, on empêche les germes d'arriver aux liquides putrides, et par le moyen d'une chaleur convenable on détruit ceux qui, par hasard, auraient pu se trouver dans les liquides mêmes, l'apparition des Bactéries deviendrait par cela même impossible.

Les *Hétérogénistes*, au contraire (Pouchet, Bastian, etc.) prétendent que les Bactéries prennent leur origine directement dans les liquides putrescibles, sans l'aide de germes apportés du dehors, par les molécules organiques en décomposition, ou par des granulations préexistantes.

Avec leurs expériences, ils obtiennent des Bactéries dans des conditions telles qu'elles paraissent aux yeux des Panspermistes absolument contraires à leur développement, par exemple dans des ballons de verre exposés au feu et chauffés à une température supérieure à 100°. Il est certain que si la production spontanée des Bactéries peut être mise hors de doute, l'origine des Bactéries circulant dans le sang des malades atteints de maladies infectieuses, pourrait se reproduire par les granulations normales du protoplasma en quelque sorte altérées et transformées en Bactéries, de sorte que celles-ci ne seraient pas la cause, mais l'effet de la maladie.

Quoi qu'il en soit, et bien que les travaux de beaucoup de savants, en tête desquels se trouve Bastian (1), semblent démontrer la possibilité de la production spontanée des Bactéries, nous devons dire que la question n'est pas encore

(1) Bastian, Evolution and origin of life. London, 1874.

résolue. Toutes les argumentations en faveur de cette théorie sont basées à l'heure qu'il est sur ce fait, que des substances soumises pendant quelque temps à de hautes températures et renfermées dans des vases hermétiquement clos, voient des Bactéries se développer, sans que de nouveaux germes soient venus du dehors. De l'autre côté, toutes les oppositions se résument à ne pas admettre que la chaleur employée ait été suffisante pour anéantir les germes préexistants. De cette façon, il est évident que la question est toujours en discussion, et l'on discutera encore quelque temps sans pouvoir arriver à une solution définitive.

Les germes des Bactéries se trouvent en suspension dans l'atmosphère et dans les eaux ; ils sont parfois en très grand nombre, l'eau de Seine par exemple en contient de grandes quantités, surtout prise en aval de Paris. MM. Pasteur et Joubert ont observé dans cette eau des développements de plusieurs espèces de Bactéries, parmi lesquelles il en est dont les germes résistent à plus de 100 degrés à l'état humide, dans les milieux qui ne sont pas acides, et à 130 degrés pendant plusieurs minutes dans l'air sec.

Les eaux distillées des laboratoires renferment toujours des germes, quoique en moindre nombre que les eaux ordinaires. Les eaux distillées dans des vases absolument privés de germes étrangers sont d'une pureté parfaite, sous le point de vue qui nous occupe, c'est-à-dire qu'elles sont exemptes de germes d'organismes inférieurs.

Les eaux prises aux sources mêmes qui sortent de l'intérieur de la terre, que ni les poussières de l'atmosphère ou de la surface du sol, ni les eaux circulant à découvert, n'ont encore souillées, ne renferment pas trace de germes de Bactéries. Les germes dont il s'agit sont d'un si petit diamètre qu'ils traversent tous les filtres, et quoique en assez grand nombre dans une eau pour qu'une seule goutte de celle-ci en contienne toujours, ils n'en troublent pas le plus souvent la transparence qui peut sembler parfaite.

On sait le rôle que M. Pasteur a reconnu aux vers de terre, dans la diffusion des Bactéries (1). Les lombrics ramènent à la surface le *Bacillus anthracis* contenu dans la terre qu'ils ont ingérée dans leur tube digestif et qu'ils rendent à l'extérieur à l'état de déjection.

M. Schnetzler (2) a délayé sous le microscope des parcelles de ces déjections, et les a trouvées remplies de véritables *Bactéries*, de *Bacillus* et de *Micrococcus*. Il fait remarquer que si les observations de M. Buchner étaient exactes, les lombrics seraient des plus pernicieux, et que leur travail devrait être notamment terrible dans les cimetières.

M. Donné avait déclaré, il y a quelques années, que, dans aucun cas, quel que soit le degré de putréfaction des œufs, on n'y trouve jamais la moindre trace d'êtres organisés du règne végétal ou du règne animal. Cette proposition était en désaccord complet avec les conclusions des travaux de M. Pasteur. M. Gayon (3) affirme au contraire qu'il existe constamment des vibrions dans les œufs pourris et intacts; il y a toujours trouvé, en ajoutant un peu d'eau,

(1) On a attribué aux vers de terre un rôle important dans la propagation de la maladie de la pomme de terre, d'après une expérience faite par M. Jensen à l'Ecole supérieure d'agriculture de Copenhague.

(2) J.-B. Schnetzler. De la diffusion des Bactéries par les lombrics. *Archives des sciences physiques et naturelles*. Juillet 1882.

(3) Ulysse Gayon. Du rôle des êtres microscopiques et des moisissures dans l'altération des matières organiques. Putréfaction spontanée des œufs. (*Annales des sciences naturelles*, 6e série, t. 1er).

des bâtonnets organisés, des Bactéries agiles. Il donne ensuite le procédé dont il s'est servi pour observer ce fait. M. Gayon pense que les germes ont été recueillis par l'ovule pendant son passage dans l'oviducte avant la formation de la coquille.

Dans un rapport sur des expériences et observations faites sur la rosée des endroits marécageux, M. Griffini [1] dit avoir recueilli sur des gouttelettes de rosée, dans des endroits soumis à l'influence pernicieuse, à l'époque même où s'étaient déclarés dans le pays des cas de fièvre intermittente, simple ou pernicieuse, des vibrions ou des Bactéries *(Vibrio Bacillus, V. lineola, Bacterium Termo, B. Catenula, B. Punctatum)*. Cette rosée, mêlée à des aliments donnés à des chiens, ou injectée dans leur corps, les a laissés indemnes, mais a fait périr d'autres animaux.

Pour compléter cette étude physiologique sur les Bactéries, il nous reste à parler de l'action produite sur elles par les divers agents avec lesquels elles peuvent se trouver en présence, et cela aussi bien avant qu'après leur apparition dans les liquides putrescibles.

La Lumière

La lumière a bien un peu d'influence sur le premier développement des Bactéries. D'après quelques-unes des expériences comparatives faites par M. le Dr Bergonzini [2], il est porté à croire que la privation de lumière entraîne

(1) L. Griffini. Archivio triennale del laboratorio di botanica crittogamica presso la R. Universita di Pavia (1874).

(2) Dr C. Bergonzini. Loc. cit.

quelquefois une production de Bactéries moins vigoureuses que celles obtenues dans des liquides identiques mis en présence de la lumière du soleil.

Mais ces résultats sont à vrai dire peu décisifs, et du reste un développement moins abondant de Bactéries, dans un liquide tenu dans l'obscurité, pourrait se rapporter à d'autres causes, telle qu'une ventilation insuffisante, qui donnerait un accès moins facile aux germes atmosphériques, etc. Je ne fais, dit l'auteur, qu'indiquer ce fait sans y attacher aucune importance. Donc la privation de lumière n'a aucune influence notable sur les Bactéries déjà développées.

Le Mouvement

Il semble que le mouvement n'ait aucune action sur le développement des Bactéries. Déjà le fait signalé que des *Micrococcus* et des *Bacillus* peuvent se développer et multiplier dans un tourbillon circulaire, démontre suffisamment que le mouvement n'a aucune influence sur eux. Crova (1) pourtant a soutenu dans ces derniers temps que certains mouvements imprimés au liquide renfermant des Bactéries arrêtent complètement leur développement.

L'Electricité

L'électricité ne paraît pas avoir beaucoup d'influence sur les Bactéries ; ainsi, dans une infusion renfermant des Bac-

(1) Crova. Comptes rendus Acad. des Sciences, 1878.

téries et soumise à un courant électrique, ces êtres ne paraissent pas se ressentir du passage de l'électricité.

La Chaleur

L'influence de la chaleur dans le développement des Bactéries est très manifeste et très importante à étudier, principalement au point de vue des expériences de MM. Pasteur, Joubert et Chamberlan, qui attribuent à la haute température du corps des gallinacées leur état réfractaire aux inoculations charbonneuses. La température qui semble la plus propice au développement rapide des Bactéries, ainsi qu'à leur vitalité et activité de reproduction, est celle de 30 à 35° centigrades; c'est à cette température que ces êtres se meuvent avec la plus grande rapidité.

Les températures plus basses, mais supérieures à 0°, n'empêchent point leur apparition ni leur développement ultérieur, mais les retardent indubitablement et rendent leurs mouvements moins rapides. Cohn a maintenu pendant quelques heures des Bactéries à une température minima de 18° et a constaté qu'elles n'étaient pas mortes. Frisch (1) a refroidi un liquide contenant des Bactéries jusqu'à un froid de 87°, elles n'ont pas perdu leur vitalité et ont donné lieu ultérieurement à un développement de *Cocchus* et de Bactéries.

D'après M. Brefeld (2), les spores des *Bacillus* meurent au bout d'un quart d'heure à 105°, de dix minutes à 107°

(1) Frisch. Sitzung der K. Académie in Wien 1877.

(2) Sitzungberichte der Gesellschaft naturforschender Freunde zu Berlin. (Février 1878).

et de cinq minutes à 110°. Il a fait des observations spéciales sur la germination, mais n'a pu lever tous les doutes avec l'emploi d'un objectif n° 10 de Hartnach.

M. Dallinger a conclu aussi qu'une température de 110° agissant pendant cinq minutes, tue les spores des Monades étudiées par lui, tandis que ces Monades elles-mêmes, jeunes ou adultes, ne résistent pas à une température maxima de 61°.

M. Ph. Van Tieghem, après M. Cohn qui avait assigné 55° comme limite supérieure de la température dans laquelle les Bactéries qu'il a étudiées et notamment les *Bacillus* peuvent encore vivre et se développer, M. Van Thieghem, dis-je, prétend en effet que cette température est mortelle pour la plupart de ces organismes ; pourtant il avait observé récemment que plusieurs de ces plantes vivent encore fort bien, se développent et forment régulièrement leurs spores à des températures plus élevées, à 60°, 65°, 70° et jusqu'à 74°. — Dans une étuve d'Arsonval, réglée à cette dernière température, il a réalisé plusieurs cultures successives. L'un de ces organismes est un *Micrococcus* dont les cellules sphériques sont ajustées en longs chapelets, l'autre un *Bacillus* à articles très pâles. Pour ces cultures on employait comme liquide nutritif du bouillon de haricots ou de fèves, filtré et parfaitement neutre, il était porté dans l'étuve à la température de 74° et le semis était fait sur place ; de cette manière on ne peut objecter que le développement observé a pu se faire, au moins en partie, pendant le temps nécessaire à l'échauffement progressif de la liqueur, il est indispensable que le liquide soit et se maintienne neutre. S'il est ou s'il devient légèrement acide, tout développement cesse bientôt d'avoir lieu. A la température de 77° le développement de ce *Bacillus* n'a plus lieu et les liquides ensemencés avec des spores gardent leur limpidité.

Dans l'annuaire de l'observatoire de Montsouris [1], M. Pierre Miquel, dans une étude générale des Bactéries de l'atmosphère, parle, entre autres faits intéressants, de l'existence, dans les eaux communes, notamment dans l'eau de Seine, d'un *Bacillus* immobile et filamenteux pour lequel la température de 60° à 70° est encore très supportable. Cultivé dans du bouillon de veau neutralisé, à la température de 69 à 70°, il fournit des filaments, des pellicules, des spores, dont le luxe de végétation et la fécondité ne laissent rien à désirer ; à 71 et 72°, ce *Bacillus* meurt. Il est curieux, fait observer M. Miquel, de voir un être vivant pulluler dans un milieu liquide où la main est cruellement brûlée en quelques secondes.

Agents chimiques.

L'alcool, l'ammoniaque, et les acides minéraux, l'acide acétique, etc., immobilisent les Bactéries quand elles sont mêlées aux liquides qui les contiennent, elles sont presque indifférentes aux autres substances, à moins que ces substances ne soient en notable proportion. Ainsi le sucre, la glycérine, le tartrate d'ammoniaque, le sel commun, d'autres substances, en petite quantité, réussissent à les immobiliser et à les tuer; de ce nombre est l'acide phénique, l'acide picrique, le chloral, le chloroforme, le bichromate de potasse, l'acide borique.

Dujardin avait remarqué avec surprise que les poisons les

(1) Année 1881.

plus énergiques, spécialement les poisons végétaux, étaient sans action sur leur premier développement, des expériences ultérieures ont confirmé son opinion. Balsamo et Maggi réussirent à produire des Bactéries en présence de petites doses d'acide phénique, qui avec raison est considéré comme le plus puissant ennemi de toute décomposition organique (1).

MM. Arloing, Cornevin et Thomas ont, dans des expériences récentes (2), essayé un grand nombre de substances en les mélangeant avec du virus de charbon bactérien, tantôt intact et tantôt desséché (3), dans le but de s'assurer quelles étaient les substances qui avaient la propriété de détruire le virus.

Ils ont constaté qu'il y en avait peu, et que c'était précisément celles qui ne pouvaient guère être utilisées pratiquement (4). M. le Dr Pelletan, en signalant dans son savant journal (*Journal de micrographie*, n° 10, 1882) l'apparition de nouveaux microbes, cite, d'après M. de Korab, un

(1) Les antiseptiques à la mode sont aujourd'hui l'acide borique et les borates, l'acide salicylique et les salicylates.

(2) Société de Biologie, 1882, p. 431.

(3) La destruction du virus frais est beaucoup plus facile que celle du virus desséché.

(4) Action des substances liquides ou en dissolution sur le virus frais :

Agents destructeurs de la virulence.
Acide phénique (solution aqueuse à $^2/_{100}$)
Acide salicylique ($^1/_{1000}$)
Acide borique ($^1/_5$)
Acide azotique ($^1/_{10}$)
Acide sulfurique (dilué)
Acide oxalique à saturation.
Potasse ($^1/_5$)
Eau iodée —
Salicylate de soude ($^1/_5$)
Permanganate de potasse ($^1/_{10}$)

nouvel agent destructeur du *Bacillus* de la tuberculose, ce serait l'Hélénine, substance résineuse obtenue par la distillation de l'aunée (*Inula helenium*).

Importance des Bactéries.

On doit, pour compléter l'étude des Bactéries, aborder la question principale, c'est-à-dire celle qui fait que les Bactéries ont acquis aujourd'hui une si grande importance ; elle touche la partie qui concerne ces êtres dans leur action dans les fermentations, les putréfactions, les maladies.

A vrai dire, lorsque l'on a lu les quelques ouvrages qui traitent des Bactéries, la question semble tout à fait jugée et aussi évidente que celle de la circulation du sang. Trévisan (1) et Claus (2) attribuent aux Bactéries les maladies épidémiques chez l'homme et chez les animaux. C'est aussi l'opinion de Cohn, Pasteur, Bastian et beaucoup d'autres.

Dans son étude sur les Bactéries de l'atmosphère (3),

Sulfate de cuivre ($^1/_5$)
Nitrate d'argent ($^1/_{1000}$)
Sublimé corrosif $^1/_{1000}$)
Camphre bichloré cazeneuve (solution alcoolique saturée).
Chloral ($^3/_{100}$)
Acétate d'alumine ($^1/_{200}$)
Naphtaline (solution alcoolique à $^2/_{100}$)
Acide benzoïque ($^2/_{100}$)
Essence d'eucalyptus ($^1/_{800}$)
Essence de Thym ($^1/_{800}$)
(Du charbon bactérien, Pathogénie et inoculations préventives, par MM. Arloing, Cornevin et Thomas. Annales de la Soc. d'Agriculture, Histoire naturelle et Arts utiles de Lyon. 5e série. Tome V).

(1) Trevisan. *Introduzione allo studio dei bacteri, negli atti dell' Instituto Lombardo*, 1878.

(2) Claus. *Traité de zoologie*. Paris, 1878.

(3) Extrait de l'Annuaire de Montsouris. 1881.

M. Pierre Miquel, parlant des spores aériennes, émet l'opinion que beaucoup d'algues bactériennes sont des auxiliaires puissants pour se débarrasser tant des détritus végétaux que des matières animales, qui ne tarderaient pas à envahir la surface du sol, à partir du jour où les *Mucédinées* et les Bactéries communes en disparaîtraient complètement.

Il semble au Dr Bergonzini qu'en présence d'assertions si franches de la part d'hommes compétents, il y ait de l'audace à vouloir, non pas infirmer, mais seulement discuter leurs opinions.

Et cependant, on peut encore se demander si les Bactéries et leurs germes, apportés dans un liquide organique, ou engendrés dans ce même liquide, ne changent pas la nature des agents chimiques nécessaires à leur existence, et si les Bactéries et leurs germes ne commencent point la décomposition de ces mêmes agents chimiques? Ou bien ne serait-ce point la décomposition déjà commencée qui permettrait aux germes de se développer et de vivre. Pour les maladies dans lesquelles se trouvent des Bactéries, soit dans le sang, soit dans les autres liquides, le doute est beaucoup plus grave, parce que l'on peut se demander si ce sont les Bactéries qui causent directement la maladie, ou si c'est la maladie déjà engendrée qui permet aux Bactéries de se présenter.

Les Bactéries dans les fermentations.

La différence principale qui existe entre la fermentation et la putréfaction, c'est que par fermentation, on entend une transformation chimique, bien définie, qui se présente le plus souvent dans les substances organiques non azotées, tandis que par putréfaction, on comprend un assemblage de métamorphoses, non encore bien précises, qui se succèdent dans les substances organiques azotées, et dans l'un et l'autre cas, quand ces substances sont soustraites à l'action de la vie et exposées aux agents ordinaires extérieurs.

Les formes bactériques se trouvent dans quelques fermentations, par exemple dans la fermentation acétique résultant de l'oxydation de l'alcool, vous rencontrerez le *Mycoderma Aceti* de Pasteur, qui se rapproche du *B. Termo*, et dans la fermentation butyrique apparaît le *Bacillus subtilis.*

Les Bactéries dans les putréfactions ou liquides en putréfaction.

Dans les putréfactions, les phénomènes de transformation ne sont ni aussi définis, ni aussi simples que dans la vraie fermentation.

Il est un fait certain, c'est que les éléments organisés et vivants (*Bactéries*) se présentent constamment, sous des formes diverses, dans les substances en putréfaction; sans eux il n'y a pas de putréfaction ; leur vie devant être, comme celle de tous les êtres vivants, accompagnée de métamorphoses et de changements moléculaires, ils ne peuvent être dispensés de prendre une part plus ou moins importante aux transformations auxquelles sont sujettes les substances qui entrent en putréfaction.

En ce qui concerne la théorie des Bactéries, la question

réside dans le point de savoir si les Bactéries, dans un liquide putrescible, se manifestent d'abord pendant que ce liquide est encore complètement pur et plein de vie, ou bien si elles se manifestent seulement après que le liquide, par suite de la cessation de la vie, ou pour une autre cause, subit déjà un commencement d'altération moléculaire. Dans le premier cas, il est évident que ces êtres devront être considérés comme le produit de la putréfaction, tandis que dans le second cas, ils ne prendraient à cette putréfaction qu'une part tout à fait secondaire.

Les expériences qui ont été faites dans ce but, par M. Bergonzini, n'ont pas donné de résultats bien concluants par suite de la grande difficulté à constater les minimes altérations qui se produisent dans les liquides organiques. Et en effet, la réaction, l'odeur, la couleur, sont des faits trop grossiers pour pouvoir servir de base certaine à des expériences de ce genre.

On a pourtant essayé de démontrer le rôle important que jouent les Bactéries dans les maladies, affection que dans les cliniques on nomme maladie d'infection aiguë.

Beaucoup de savants ont souvent réussi, en introduisant dans le torrent circulaire, des liquides contenant des Bactéries ou des Micrococcus, à reproduire les maladies infectieuses identiques. Maintenant lorsque l'on injecte des Bactéries, on injecte en même temps les liquides putrides qui les tiennent en suspension; peut-on dire que les phénomènes que l'on observe sont dus plutôt à la première qu'à la seconde de ces causes? on peut encore se demander comment ces Bactéries ont pu prendre leur origine dans l'organisme, dans le cas de maladie, lorsqu'il n'y a pas eu inoculation? Ou elles naissent spontanément, et alors il faut évidemment admettre chez ces malades une altération du liquide producteur des Bactéries, ou bien elles tirent indubitablement leur origine des germes qui sont en suspension dans l'atmosphère; et alors, dit Cantoni [1], celui d'entre nous qui vit dans une atmosphère riche en poussières organiques et qui à chaque respiration en absorbe une certaine quantité, celui-là devrait tomber malade d'infection bactérique, à moins d'admettre que le développement de ces germes n'est possible que lorsque notre sang, par un motif quelconque, est entré dans une période d'altération.

Tout ceci nous montre combien ces questions sont loin d'être encore résolues, et combien il serait imprudent, pour ne pas dire plus, d'admettre comme article de foi que les Bactéries sont la cause essentielle de beaucoup de maladies.

La conclusion que l'on peut tirer de cette étude est celle-ci : les Bactéries sont des végétaux qui vivent et se reproduisent le plus souvent dans les liquides organiques en décomposition ; leur place taxonomique dans la série des végétaux est encore incertaine ; elles peuvent se reproduire par fragments et par spores, et ont besoin d'oxygène pour vivre. Il n'existe aucune preuve bien certaine que les Bactéries soient la cause ou l'agent principal des maladies ; il ne serait pas impossible qu'elles soient plutôt un phénomène *concomitant* moins qu'indifférent.

Tel est le résumé aussi bref que possible des travaux les plus récents et les plus complets ayant trait à cette intéressante classe de cryptogames, appelée à procurer aux investigateurs de l'avenir le bonheur de nouvelles et utiles découvertes. « Tous les faits de la nature que nous avons « observés, disait Buffon dans son discours sur l'histoire

(1) Cantoni. *Considerazioni ecc. atti dell' Inst. Lomb. 1879.*

« naturelle, ou que nous pourrons observer, sont autant de « vérités : ainsi nous pouvons en augmenter le nombre au« tant qu'il nous plaira, en multipliant nos observations ; « notre science n'est ici bornée que par les limites de l'uni« vers. » Je serai doublement heureux si je suis parvenu à établir fidèlement le résumé des idées nouvellement émises par les illustres savants modernes cités dans cet opuscule, heureux encore si j'ai pu contribuer pour ma faible part à faire connaître et aimer une science à laquelle j'ai dû bien des instants de véritable bonheur.

Rouen. — Imp. L. Deshays, rue des Carmes, 58.

www.ingramcontent.com/pod-product-compliance
Lightning Source LLC
LaVergne TN
LVHW012001160826
845678LV00002B/666